DESCRIPTION

D'UN

APPAREIL ÉLECTRO-DYNAMIQUE,

CONSTRUIT PAR M. AMPÈRE.

A PARIS,

CHEZ CROCHARD, LIBRAIRE,
CLOÎTRE SAINT-BENOÎT, N° 16;

Et BACHELIER, LIBRAIRE,
QUAI DES AUGUSTINS, N° 55.

1824.

D'UN

APPAREIL ÉLECTRO-DYNAMIQUE,

CONSTRUIT PAR M. AMPÈRE.

A PARIS,

CHEZ CROCHARD, LIBRAIRE,
CLOÎTRE SAINT-BENOÎT, N° 16;

Et BACHELIER, LIBRAIRE,
QUAI DES AUGUSTINS, N° 55.

1824.

DE L'IMPRIMERIE DE FEUGUERAY,
RUE DU CLOÎTRE SAINT-BENOÎT, N° 4.

DESCRIPTION

D'UN

APPAREIL ÉLECTRO-DYNAMIQUE.

Depuis les premières découvertes sur les propriétés de l'électricité en mouvement, on a beaucoup diversifié la forme des appareils destinés à la recherche ou à la démonstration de ces propriétés. D'abord, chaque observateur a inventé des instrumens pour démontrer isolément les phénomènes qu'il découvrait : tels sont les appareils avec lesquels M. Ampère a fait ses premières expériences et ceux qu'il a imaginés depuis pour les différens cas où il se produit des mouvemens de rotation continue, dès que M. Faraday eut fait connaître celui avec lequel il a obtenu le premier exemple de cette sorte de mouvement ; tels sont les appareils flottans de MM. de la Rive et Van der Heyden, la roue plongeante de M. Barlow, etc. Bientôt on s'est aperçu que le nombre de ces appareils spéciaux les rendait fort incommodes, surtout pour la démonstration. C'est pourquoi M. Ampère a cherché à construire des instrumens avec lesquels on pût faire le plus grand nombre possible d'expériences, pensant que les procédés pratiques, communs à plusieurs d'entre elles, en abrégerait et en faciliterait l'explication, surtout en disposant les faits d'après leur analogie.

On trouve décrit dans le *Manuel d'Électricité dynamique* de M. Demonferrand deux de ces appareils qui, en raison des nombreuses combinaisons qu'ils présentent, peuvent également servir, soit à reproduire les phénomènes électro-dynamiques connus, soit à en découvrir de nouveaux. Ces instrumens sont très-commodes pour les savans, qui, libres de les considérer sous toutes leurs faces, acquièrent promptement l'habitude de les employer : néanmoins, dans les cours publics, ils sont difficiles à expliquer, parce que certains conducteurs sont cachés par la table ou les uns par les autres. Dès-lors l'attention des auditeurs est détournée des pièces sur lesquelles opère le professeur par les autres parties de l'appareil qui restent exposées à leurs regards.

Pour réunir les avantages des deux espèces d'appareils spéciaux et généraux, il fallait d'abord rendre permanentes les parties de l'instrument destinées à effectuer des opérations communes à toutes les expériences, et ensuite appliquer successivement l'action de ces parties communes à des appareils spéciaux dont chacun se rattachât isolément à l'appareil général par un même procédé. Tel est le but que M. Ampère s'est proposé d'atteindre dans l'instrument dont on donne ici la description, et qui est aujourd'hui aussi nécessaire dans un cabinet de physique qu'une machine électrique ou une machine pneumatique, puisque ce n'est qu'en faisant, à l'aide de cet instrument, les expériences que nous allons décrire qu'on peut acquérir une idée nette de l'action mutuelle des diverses portions du circuit voltaïque, action dont on n'a confondu les effets avec ceux qu'on produit en faisant agir un fil conducteur sur un aimant ou l'aimant sur le fil, que parce que c'est la découverte faite par M. OErsted de l'action qui s'exerce dans ce cas qui a été l'occasion de celle de l'action mutuelle de deux fils conducteurs.

Dans les expériences d'électricité dynamique, une portion du circuit voltaïque rendue mobile est soumise à l'action d'un conducteur fixe, d'un aimant ou de la terre. Pour que le circuit ne soit pas interrompu, cette partie mobile doit être réunie à la masse des conducteurs par des coupes pleines de mercure, métal dont on se sert également pour réunir entre elles les parties de l'appareil que l'on ne peut pas lier et souder invariablement. Par la même raison, il est encore utile, chaque fois qu'on se sert de l'appareil, de gratter les coupes, les pointes et les couronnes des diverses pièces dont on se propose de faire usage : sans cette précaution, il pourrait arriver que le courant fût intercepté, et dès-lors toute action suspendue. Enfin, s'il est indispensable d'assurer la liberté des communications prévues, il est également important d'éviter celles qui pourraient accidentellement présenter au fluide une route autre que celle qu'il doit suivre. C'est pourquoi il est bon que la table $g\,h$ (*fig.* 1) qui porte l'appareil soit revêtue d'un vernis isolant, et il faut éviter, avec le plus grand soin, d'y répandre de l'eau acidulée, et surtout se débarrasser du mercure qui y tombe lorsqu'on le verse dans les cavités et dans les rigoles creusées dans cette table. A cet effet, une ouverture P pratiquée vers son milieu, et communiquant avec un tiroir V, est destinée à recevoir le métal surabondant que l'on y conduit en le balayant avec une plume.

Quant aux suspensions, elles sont de trois espèces : 1°. dans deux coupes situées sur une même verticale ; 2°. dans deux coupes placées sur une même horizontale : ce mode de suspension doit se placer successivement dans tous les azimuths ; 3°. dans une seule coupe pour les expériences de rotation continue. Il est important, dans la pratique, que les deux rhéophores soient fixés à la table pendant le cours des expériences ; qu'on puisse faire plonger à volonté chacun d'eux, soit dans la rigole A, soit dans la rigole a; et, quand on cesse de se servir de l'instrument, les enlever et les nettoyer : or, c'est en quoi on réussit fort bien en les maintenant dans ces rigoles avec une vis de pression p attachée sur le bord de la table. Enfin, il est indispensable que le professeur puisse, par un mouvement prompt et facile, suspendre l'action électro-dynamique ou en changer le sens, en renversant la marche du courant, soit dans les conducteurs fixes, soit dans les conducteurs mobiles. Cette dernière condition, qui offrait d'assez grandes difficultés à surmonter, s'obtient aisément au moyen de la disposition suivante.

En supposant celui qui opère placé en avant de la table et tourné vers elle, il aura à sa droite les rhéophores R, r, et devant lui, du même côté, deux bascules destinées à changer la direction du courant des conducteurs fixes et des conducteurs mobiles. Les bascules K, k, élevées d'environ un pouce au-dessus de la table, sont formées chacune par deux plaques de cuivre isolées par un morceau de bois vernis ou d'ivoire. Sur les bords latéraux de ces plaques on remarque huit appendices, dont quatre situées à droite plongent lorsque l'on incline de ce côté la bascule la plus rapprochée de l'opérateur dans les rigoles A, B et dans les deux cavités C, D; les quatre autres appendices, lorsque cette bascule est inclinée à gauche, plongent dans les mêmes rigoles A, B et dans les cavités C', D'; mais en la maintenant dans une position horizontale, toute communication métallique est rompue entre A et B et les cavités C, D, ou C', D'. Celles-ci communiquent deux à deux, c'est-à-dire, C avec C', et D avec D', au moyen de lames de cuivre placées en sautoir sur la table, revêtues de soie et séparées l'une de l'autre par une pièce de bois verni, Les cavités G et H répondent à des lames de cuivre qui aboutissent, l'une dans la cavité C', et l'autre dans la cavité D' : elles sont donc aussi en communication, la première avec C, et la seconde avec D. Une seconde bascule k, placée un peu plus loin de l'opérateur, et toujours à sa droite, sert, suivant le sens dans lequel on l'incline, à établir ou à interrompre les communications entre les rigoles B et a et les cavités c, d, ou c', d'. Celles-ci, réunies par couples à l'aide d'un sautoir semblable au précédent, sont disposées de manière que c et c' communiquent avec la coupe S, dont on règle la hauteur au moyen de la vis z, placée au-dessous de la table, et en même temps avec la colonne ET à l'aide du ressort II' placé sous la table. De leur côté, d et d' communiquent d'abord avec deux rigoles semi-circulaires MN, mn, qui contiennent du mercure dans lequel plongent les deux extrémités du fil tuv d'un galvanomètre, et par suite, avec la colonne FU et avec la cavité O.

Pour qu'on puisse voir plus facilement la disposition de ces coupes, de ces bascules et de leurs communications, on les a représentées plus en grand (*fig.* 2), en indiquant les mêmes parties de l'appareil par les mêmes lettres dans cette figure et dans la figure 1.

Les colonnes ET, FU sont en cuivre et servent in-distinctement, suivant la position de la bascule k, l'une à transporter le courant dans les conducteurs mobiles, qui se suspendent dans les coupes x, y, x', y', et l'autre à le ramener. A cet effet, la colonne ET communique avec la coupe X, et FU avec Y. Ces deux coupes sont isolées l'une de l'autre par un tube de verre revêtu d'une couche de laque. La première X communique avec les deux coupes x, x', et la seconde Y avec y et y'. Chaque système de deux coupes x et y ou x' et y' fournit aux conducteurs mobiles une suspension verticale passant par le centre des coupes, et x avec y', ou x' avec y, une suspension horizontale qui peut se mettre dans tous les azimuths en faisant tourner le bouton Z.

Cela posé, voyons comment se font les expériences:

1°. Pour les attractions et répulsions des courans angulaires, on place le rectangle redoublé $MNOP$ (*fig.* 3) de manière que les quatre pointes L, L, L, L du plateau qui le soutient entrent dans les points de repère indiqués sur la table par la même lettre L, et que les deux extrémités G, H plongent dans les coupes de même nom ; puis on suspend dans les coupes x et y le conducteur mobile (*fig.* 4) destiné aux actions angulaires. Alors, si R est le rhéophore positif et que les deux bascules soient inclinées à droite, le courant passe de A à C, puis à C' et à G, parcourt le rectangle $MNOP$ dans le sens MN, revient dans la cavité H, est transmis en $D'DBc'$, monte dans la colonne ET, arrive dans les coupes X et x, parcourt le conducteur mobile en suivant (*fig.* 4) la direction $xabcdefghiy$, redescend par la colonne UF, traverse le galvanomètre tuv destiné à constater que le courant est réellement établi dans l'appareil comme il doit l'être, et se rend dans la cavité *d'*, puis dans la rigole *a* où on a plongé le rhéophore négatif. La portion du courant électrique qui parcourt *d e* étant dirigée vers le sommet de l'angle, de même que celle qui parcourt le côté *M N* du conducteur fixe, il y aura attraction, et pour changer cette attraction en répulsion, il suffit d'incliner à gauche l'une ou l'autre des bascules *K*, *k* : la première renverse le courant du rectangle fixe, et la seconde celui du conducteur mobile, en sorte que si on les inclinait à la fois du même côté, l'attraction subsisterait.

Cette remarque est importante, parce que c'est elle qui nous fournit un moyen pour ne pas confondre l'action de la terre avec celles qu'exercent les diverses parties de l'appareil. Les mouvemens auxquels celles-ci donnent naissance ne changent pas quand on renverse à la fois le courant dans les conducteurs fixes et mobiles en faisant plonger dans la rigole *a* le rhéophore placé d'abord dans la rigole *A*, et dans cette dernière celui qui plongeait auparavant dans la première, tandis que, dans les mêmes circonstances, l'action des courans du globe, dont la direction est constante, se manifeste en faisant changer le sens du mouvement des conducteurs mobiles (A).

Le conducteur mobile (*fig.* 4), et plusieurs dont il sera bientôt question, sont *astatiques*, c'est-à-dire, qu'on les a disposés de manière à les soustraire à l'influence que la terre exerce sur eux. Pour cela, on force le courant à suivre alternativement des directions opposées, et telles que la somme des actions exercées par le globe soit nulle. Ainsi, dans le conducteur mobile (*fig.* 4), le mouvement de l'électricité ayant lieu dans le sens

$x\,abcdefghiy$, le courant est descendant dans la partie cd, et ascendant dans la portion gh; elles tendent donc avec des forces égales, l'une à se diriger vers l'est et l'autre vers l'ouest. De même aussi, dans les branches horizontales de et hi, l'influence du globe est contre-balancée par l'action qu'il exerce sur les courans opposés bc, fg. Quant aux portions ab et ef, comme elles se trouvent dans l'axe de rotation, il est inutile d'y avoir égard. Ce conducteur mobile, suspendu aux coupes x', y', répond au milieu de la partie MN du rectangle (*fig.* 3); on a alors action dans deux angles de suite: dans l'un elle est attractive, dans l'autre répulsive; l'effet produit est le même que dans la disposition précédente, mais l'intensité en est doublée.

Le conducteur mobile (*fig.* 5) peut être alternative-ment placé dans les coupes x et y ou x' et y'. Dans le premier cas, le courant venant toujours par les coupes X et x, suit la route $x\,abcdefghiy$: dès-lors, dans les fils cd et gh, ce courant est encore dirigé vers le sommet de l'angle que ces deux fils forment avec le conducteur fixe: c'est pourquoi si l'on place le conducteur mobile perpendiculairement au rectangle fixe, les deux portions cd et hg seront toutes deux attirées, ou toutes deux repoussées, suivant le sens du courant du conducteur fixe. Dans le cas où il y attraction, il en résulte un équilibre non stable; car si l'un de ces fils est acci-dentellement un peu plus rapproché que l'autre du conducteur fixe, il en sera plus fortement attiré et se portera vers lui. Si l'on change, à l'aide des bascules, la direc-tion du courant, soit dans l'un, soit dans l'autre conducteur, l'attraction sera changée en répulsion, et le conducteur mobile se placera perpendiculairement au conducteur fixe. Ici l'équilibre est stable.

Lorsqu'on suspend le même conducteur dans les coupes x', y', le courant suit une direction opposée à la précédente, et parcourt le conducteur mobile dans la direction $ihgfedcba$; par conséquent, dans les fils cd et gh, il s'éloigne de la partie moyenne dh, en sorte que la répulsion, d'une part, et l'attraction, de l'autre, se font mutuellement équilibre : l'appareil reste immobile.

Le conducteur ($fig.$ 6), suspendu dans les coupes x', y', livre passage au fluide dans le sens $x'\,abcdefg\,hiy'$; si donc il coupe à angle droit le conducteur fixe MN ($fig.$ 3), il tendra à se mouvoir jusqu'à ce que la branche de soit parallèle à MN, et que dans l'un et l'autre conducteur, le courant soit dirigé dans le même sens. Aussi verra-t-on celui qui est mobile faire une demi-révolution si l'on vient à changer la direction de l'un des courans.

L'appareil ($fig.$ 7) est destiné à faire voir que dans le conducteur ($fig.$ 6), les branches cd, ef contribuent à l'effet produit, parce qu'il n'y a plus dans celui de la figure 7 que les branches désignées par ces mêmes lettres qui soient soumises à l'action du conducteur fixe ($fig.$ 3), et que cependant le mouvement se produit encore, à la vérité avec une force beaucoup moindre. Le même conducteur mobile ($fig.$ 7) sert, en outre, ainsi que celui de la figure 13, pour les expériences relatives à l'action mutuelle de deux courans dont les directions forment constamment un angle droit.

Le conducteur ($fig.$ 8) sert à mettre en évidence l'action qu'exercent l'un sur l'autre deux courans pa-

rallèles horizontaux. On place ce conducteur dans les
coupes x, y'; le courant suit donc la direction $x\,a\,b\,y'$:
or, ab est parallèle à MN et dans le même sens: il y
aura donc attraction. Changez l'un ou l'autre courant, la
répulsion succédera à l'attraction. Pour la même expérience sur des courans parallèles verticaux, on se sert
de l'appareil (*fig.* 9), que l'on substitue au rectangle
redoublé (*fig.* 3). Les extrémités des fils G et H plongent dans les deux coupes G et H. Alors, si le courant
arrive par H, il monte dans $m\,n$, descend dans $o\,p$, arrive dans la coupe G, et se porte ensuite dans le conducteur mobile (*fig.* 5) suspendu dans les coupes x, y. Le
courant est descendant dans les branches $b\,c$, $f\,g$, ainsi que
dans le fil $o\,p$: il y aura donc attraction. Dans cette disposition comme dans les précédentes, on change la direction du courant fixe avec la bascule K, ou celle du
courant mobile avec la bascule k, et dans l'un et l'autre
cas on voit la répulsion remplacer l'attraction.

L'égalité des actions attractives et répulsives que dé-
veloppent les courans horizontaux ou verticaux qui se
meuvent dans le même sens ou dans des directions opposées, est mise en évidence au moyen du conducteur
mobile (*fig.* 21) composé de deux fils garnis de soie,
et qui servent, l'un à conduire et l'autre à ramener l'é-
lectricité, en sorte que si le courant est descendant dans
l'un il est ascendant dans l'autre; il devra dont rester en
repos, soit que l'on oppose sa branche verticale $c\,d$ au
fil $o\,p$ du conducteur (*fig.* 9), ou sa partie horizontale
$d\,e$ au rectangle redoublé (*fig.* 3).

Pour démontrer l'égalité d'action d'un conducteur
rectiligne et d'un conducteur sinueux, on retourne le

même appareil (*fig.* 9), de manière que les extrémités G' et H' des fils conducteurs plongent dans les coupes de même nom. Les choses étant ainsi disposées, si le courant entre par H', il monte par $r\,u$, descend par le conducteur sinueux, remonte par $p\,o$, et redescend par $n\,m$, passe de la cavité G (*fig.* 1) au conducteur mobile, et descendant dans la branche $b\,c$ (*fig.* 5), ainsi que dans les tiges $n\,m$ et $t\,v$ (*fig.* 9), d'où résultera l'attraction de celles-ci pour $b\,c$. Ce fil resterait donc en repos s'il était également éloigné du conducteur sinueux $t\,v$ et du fil $n\,m$; mais comme il est à-peu-près impossible d'établir cette parfaite égalité de distance, on voit le fil mobile $b\,c$ se porter vers le conducteur fixe dont il est le plus voisin. Dans cette expérience, il vaut donc mieux avoir recours à la répulsion : ce que l'on fait en inclinant la bascule K à gauche : dès-lors le courant devient ascendant dans le conducteur fixe, tandis qu'il continue à être descendant dans le fil mobile, qui, par cela même, se place à égale distance de $v\,t$ et $m\,n$.

On peut faire la même expérience d'une autre manière, en opérant avec le conducteur mobile (*fig.* 22) précisément comme nous venons de dire qu'on opérait avec celui de la figure 21, et en constatant que les mêmes conducteurs fixes n'exercent aussi aucune action sur lui, quoique des deux fils dont il se compose un seul soit rectiligne et l'autre sinueux.

Le conducteur mobile (*fig.* 10) formé de deux cercles parcourus en sens contraires étant placé dans les deux coupes x, y, et soumis à l'influence qu'exerce le courant qui traverse le fil $o\,p$ (*fig.* 9), sera attiré ou repoussé suivant que le courant établi dans la portion du cercle qui est voisine de *op* aura lieu dans le même sens ou en sens contraire : ainsi, l'électricité arrivant dans la coupe *H*, descend par *op*, parvient ensuite en *x* (*fig.* 10), et parcourt les deux cercles dans la direction *x a b c d e f g f h y.* Il sera donc facile, en les plaçant convenablement, d'obtenir à volonté l'attraction ou la répulsion.

Pour toutes les expériences de rotation continue, on place les trois pointes *O*, *I*, *I* du trépied (*fig.* 12) dans la cavité et les points de repère marqués des mêmes lettres sur la table ; alors on pose sur ce trépied le vase de cuivre (*fig.* 11), dont le pied *JI* vient plonger dans la cavité *I* (*fig.* 12) qui communique par la lame de cuivre *I O* avec la cavité *O* (*fig.* 1). Ce vase est ensuite rempli d'eau acidulée, dans laquelle plonge la partie inférieure de tous les conducteurs mobiles destinés à ce genre d'expériences. Le courant ne passe plus alors dans les deux colonnes *E T*, *F U*, qui ne lui présentent aucune issue, parce qu'on a eu la précaution d'ôter les conducteurs mobiles : ainsi, après avoir parcouru le conducteur fixe, il arrive dans la rigole *B*, passe dans la cavité *c'*, en supposant la bascule *k* inclinée à droite, se rend dans la coupe *S*, parcourt le conducteur mobile qui y est suspendu, traverse l'eau acidulée du vase, le vase lui-même, et se rend au rhéophore négatif par la lame *O o d'*. Dans l'appareil qui vient d'être décrit, le mouvement est produit par l'action d'une spirale placée sur le bord du trépied, de manière à entourer le vase ; on fait descendre le long des deux autres pieds du trépied les deux extrémités de la lame de cuivre qui forme la spirale, et on les fait plonger, l'une dans *G*, et l'autre dans *H*. Quand le mouvement doit être produit par un

courant rectiligne tangent au vase, on emploie le rectangle (*fig.* 3) : on peut alors substituer au trépied armé
d'une spirale un autre support tout pareil mais qui en
soit dépourvu, ou bien continuer à se servir du premier
en ayant soin de relever les extrémités G et H (*fig.* 12)
de la spirale, de manière qu'elles ne plongeassent plus
dans les cavités correspondantes G, H (*fig.* 1) : dans ce
cas, ce sont les appendices G, H du rectangle redoublé (*fig.* 3) qu'il faut y faire plonger, en retournant ce
rectangle et en plaçant les pointes L, L, L, L dans les
points de repère L', L', L', L' (*fig.* 1).

Les conducteurs mobiles (*fig.* 13, 14 et 15) qui
doivent alternativement être placés dans la coupe S
diffèrent en ce que le premier a deux branches verticales, dont l'une, $c\,d$, est interrompue par une petite
lame de bois $g\,d$, et dont l'autre, $a\,b$, fait communiquer
la couronne $a\,e\,d\,f$ avec la pointe s. Le second est privé
de branches ascendantes, et la couronne $a\,e\,d\,f$ ne communique avec la suspension que par le fil horizontal $a\,s$,
une petite tige de bois verni $g\,d$ interceptant la communication avec l'autre côté. Le troisième conducteur
(*fig.* 15), disposé comme le précédent, en diffère en ce
que la couronne est interrompue en a par une pièce
d'ivoire t qui rompt la continuité des communications
métalliques ; il est même nécessaire, pour completter la
démonstration à laquelle sert cette dernière pièce, d'a-
voir un quatrième conducteur dans lequel la pièce d'i-
voire, au lieu d'être placée entre a et f, soit située de
l'autre côté, c'est-à-dire, entre a et e.

Ces dispositions particulières à chacun des conducteurs mobiles que nous venons de décrire déter-

minent la direction du mouvement de rotation qui se
produit dans chaque cas, soit par l'action d'un conducteur rectiligne ou circulaire, soit par celle de la
terre ou des courans qui traversent l'eau acidulée du
vase (*fig.* 11).

En faisant agir sur les deux appareils (*fig.* 13 et 14)
le courant spiral de la figure 12, ils tournent tous deux
d'un mouvement de rotation continue, dont la vitesse,
d'abord accélérée, devient ensuite constante ; mais en
soumettant les deux conducteurs à l'action du courant
du rectangle (*fig.* 3), l'appareil (*fig.* 14) tournera encore d'un mouvement de rotation continue, dont la vitesse ne devient jamais uniforme, mais éprouve des va-
riations alternatives, suivant que le rayon as se trouve, à
chaque révolution, tantôt plus près, tantôt plus loin du
rectangle. Quant à l'appareil de la figure 13, il ne tendra
plus à tourner que par l'action de la terre, et celle du
rectangle redoublé tendra à l'amener dans une situation
fixe, où le plan $abcd$ (*fig.* 13) sera toujours parallèle au
plan de ce rectangle, de manière que la branche ab soit
du côté d'où vient le courant établi dans MN lorsque celui
de ab est descendant, et du côté opposé quand ce dernier
est ascendant. Dans l'appareil (*fig.* 15), l'effet produit
est dû à l'action qu'exercent sur le courant de la couronne fea les courans qui s'établissent dans l'eau acidulée que contient le vase (*fig.* 11). Enfin, en soumettant à la seule action de la terre l'appareil (*fig.* 14),
on le voit tourner avec une vitesse constante ; mais il
n'en est pas de même de l'appareil (*fig.* 13), parce que,
outre l'action que la terre exerce sur la branche bs pour
la faire tourner uniformément, elle agit aussi sur la

branche verticale *ab* pour l'amener dans une position fixe, à l'est quand ce courant est descendant, et à l'ouest quand il est ascendant.

Il est essentiel de remarquer que lorsqu'on veut laisser agir la terre ou les courans de l'eau acidulée, il faut faire communiquer les rigoles *A, B* (*fig.* 1) par le conducteur *Q* garni de deux appendices *e*, *f*, et mobile autour d'une charnière *q* attachée sur la table ; alors le courant parcourt les conducteurs mobiles, soit en passant par les deux colonnes *E T* ou *F U*, soit en se rendant dans la coupe *S*, suivant que les conducteurs mobiles sont suspendus dans les coupes *x*, *y*, *x'*, *y'* ou dans la coupe *S*.

Pour constater qu'un courant circulaire n'a aucune action sur un conducteur de forme quelconque mobile autour d'un axe passant par le centre perpendiculaire au plan de ce courant, quand les deux extrémités du conducteur mobile se trouvent dans cet axe, on se sert du conducteur spiral (*fig.* 12), dont les courans sont sensiblement circulaires ; on place le trépied qui le supporte comme dans les expériences sur le mouvement de rotation continue, après en avoir ôté le vase de cuivre (*fig.* 11) ; le centre de ces courans se trouvant alors dans la verticale qui passe par ces deux coupes *x'*, *y'*, si l'on suspend dans ces coupes l'un des conducteurs mobiles (*fig.* 4, 5, 6), on remarque qu'il n'y a point d'action exercée par le conducteur spiral quand cette condition est exactement remplie ; mais quoique l'on y parvienne difficilement, l'expérience n'en est pas moins concluante, parce qu'il ne se produit jamais de mouvement de rotation toujours dans le même sens, mais seulement une tendance du conducteur mobile à prendre une position

fixe , qui varie considérablement par le moindre dépla-
cement des coupes x' et y', de manière à montrer que
l'action serait en effet nulle si les centres de ces coupes
se trouvaient exactement dans la verticale menée par celui du conducteur spiral.

Le cercle (*fig.* 16) se place dans les coupes x, y ou
x' y', et comme il doit être soumis à l'action de la
terre, le conducteur recourbé Q (*fig.* 1) met alors en
communication les rigoles A et B, en sorte que le courant
ne peut s'établir que dans le conducteur mobile, dont la
position , toujours perpendiculaire au méridien magnéti-
que, est telle que la partie dans laquelle le courant est ascendant se dirige vers l'ouest, et celle où il est descendant vers l'est. Aussi peut-on , en changeant la direction
du courant établi, lui faire faire une demi-révolution.

Les mouvemens du cercle (*fig.* 16) sont, dans certaines
positions, gênés par le mode de suspension que nous
venons d'indiquer ; mais on peut remédier à cet inconvé-
nient en le remplaçant par le conducteur mobile (*fig.* 17).
L'anneau $a b$ livre passage à la tige de métal qui supporte
la coupe S dans laquelle plonge la pointe sur laquelle
doit tourner ce conducteur. La petite coupe d qui est
opposée à la pointe S contient du mercure où plonge
un fil de cuivre dc qu'on attache, à l'aide de la pince b,
au support $Y i y'$ de la coupe y' (*fig.* 1) qui communique avec la colonne FU, et dans laquelle on fait plonger l'extrémité c (*fig.* 17) de ce fil afin de compléter le
circuit. On conçoit que le cercle, ainsi suspendu,
peut librement tourner dans tous les sens, et en inclinant à propos la bascule k, il sera même facile de lui
imprimer un mouvement de rotation continue.

Le conducteur (*fig.* 18), sur lequel la terre doit aussi exercer son action, se suspend de la même façon que le cercle (*fig.* 17), et, ainsi que lui, exige que la communication Q soit établie entre *A* et *B*. L'action de la terre sur les deux branches *a b* et *c d* étant égale et de signe contraire, l'on observe uniquement l'effet produit sur la branche *b c*, qui se porte à l'ouest ou à l'est, suivant que le courant y est ascendant ou descendant.

On observe encore l'action de la terre sur la branche horizontale *a b* du conducteur (*fig.* 8), parce que dans les deux branches verticales les courans sont opposés entre eux ; mais il est essentiel d'observer que l'action ne se manifeste qu'à l'instant où l'on complète le circuit, et qu'il faut avoir soin de mettre ce conducteur dans un plan sensiblement vertical au moyen du contre-poids *i*. Dans cette expérience la branche *a b* est toujours portée à gauche du courant avec la même force dans quelque azimuth qu'on ait placé l'appareil, résultat conforme à ce que donne le calcul.

Les figures 19 et 20 représentent des cylindres électro-dynamiques avec lesquels on peut imiter les aimans : le premier se fixe à la table (*fig.* 1), au moyen de la pince *b*, de manière que ses deux appendices *G*, *H* (*fig.* 19) plongent dans les cavités de même nom de la figure 1 ; et le second (*fig.* 20) est suspendu dans les coupes *x*, *y* ou *x'*, *y'* : le courant s'établit donc dans celui de la figure 19 comme il le ferait dans un autre conducteur fixe, et dans celui de la figure 20 comme il s'établirait dans un autre conducteur mobile : or, en présentant l'une des extrémités du premier à l'une des extrémités du second, il y a attraction quand les extré-

mités en regard sont l'une à droite et l'autre à gauche des
courans que parcourent les fils dont ces cylindres sont
formés , et il y a au contraire répulsion lorsque les
deux extrémités des mêmes cylindres que l'on fait agir
l'une sur l'autre sont situées du même côté de leurs
courans respectifs, le tout conformément aux résul-
tats des calculs fondés sur la formule de M. Ampère,
comme on peut le voir, soit dans son Précis de la
Théorie des phénomènes électro-dynamiques , soit dans
le Mémoire de M. Savary sur l'Application du calcul
aux mêmes phénomènes. En observant l'action de la
terre sur le cylindre (*fig.* 20), on voit que l'extrémité
qui est à gauche de ses courans se dirige constamment
au nord, parce que c'est dans cette situation du cylindre
électro-dynamique que les courans ascendans de ce cylindre sont du côté de l'ouest, et les courans descendans
du côté de l'est.

Lorsqu'on remplace, dans cette expérience, le cylindre (*fig.* 19) par un barreau aimanté, on voit le cylindre (*fig.* 20) se conduire à l'égard de l'aimant précisément comme il le faisait à l'égard du premier cylindre, c'est-à-dire, précisément comme le ferait aussi une
aiguille sur laquelle agirait un barreau aimanté.

Si l'on remplace au contraire le cylindre (*fig.* 20) par
une aiguille aimantée , on verra que le cylindre (*fig.* 19)
agira sur cette aiguille précisément comme il agissait sur
le cylindre qu'elle remplace.

Enfin , cette hélice ou cylindre électro-dynamique se
conduit à l'égard d'un fil conducteur précisément
comme M. OErsted a découvert que le faisait un aimant :
pour s'en assurer, il faut placer le conducteur rectan-

gulaire redoublé (*fig.* 3) comme dans la première expérience destinée à constater son action sur un conducteur rectiligne, et suspendre immédiatement au-dessus
du milieu de la portion MN de ce conducteur l'hélice
(*fig.* 20) en mettant ces pointes x, y dans les coupes
y', x' (*fig.* 1) : quelque direction qu'ait l'hélice on la
verra, à l'instant où l'on établira les communications
avec la pile, prendre une direction perpendiculaire à
celle de la portion de courant MN (*fig.* 3), de manière que l'extrémité de l'hélice qui est à gauche de ses
courans se porte du même côté de MN que le ferait le
pôle austral d'un aimant dans l'expérience de M. OErsted.

Il est important, dans toutes les expériences que nous
venons de décrire, d'avoir soin d'interrompre le courant
électrique dans les conducteurs mobiles en donnant à la
bascule k une situation horizontale, toutes les fois qu'on
veut plonger les pointes de ces conducteurs dans les
coupes x, y, x', y', S, ou les en retirer : sans cette précaution, ces pointes pourraient être brûlées ou fondues
par les étincelles qui éclateraient entre elles et le mercure des coupes, à l'instant où les pointes seraient prêtes
à entrer dans le mercure ou à s'en séparer. Il est aussi nécessaire, avant d'employer cet instrument aux expériences
auxquelles il est destiné, de s'assurer que le courant
passe effectivement et par le conducteur fixe et par le
conducteur mobile : on emploie pour cela une petite
pile ou même un simple couple voltaïque, quand on en
a d'une grandeur suffisante pour cette recherche préli-
minaire ; on dispose un conducteur fixe et un conducteur mobile comme si l'on voulait faire une quelconque
des expériences que nous venons de décrire ; on s'assure

d'abord que toutes les communications qui doivent avoir
lieu existent en effet en voyant si l'aiguille aimantée du
galvanomètre $t\,u\,v$ (*fig.* 1) est déviée à l'instant où l'on
plonge les rhéophores R, r dans les rigoles A, a; on
enlève ensuite tantôt le conducteur fixe seulement, tantôt le conducteur mobile, après avoir remis dans ses
points de repère le conducteur fixe. Il faut, pour que
l'instrument puisse servir, que chaque fois qu'on enlève
un de ces conducteurs, le courant soit interrompu, et
que l'aiguille aimantée du galvanomètre revienne à la situation que tend à lui donner l'action de la terre.

Comme il y a deux systèmes de conducteurs mobiles,
il faut faire cet essai, d'abord avec un de ceux qui se
suspendent dans deux des quatre coupes x, y, x', y', ensuite avec un de ceux qui portent, d'une part, une
pointe destinée à reposer sur le fond de la coupe S, et
de l'autre, une couronne qui plonge dans l'eau acidulée
contenue dans le vase en cuivre de la figure 11.

On a supposé, dans ce qui précède, que le lecteur
connaît l'ensemble des phénomènes que l'appareil qui
vient d'être décrit est destiné à réaliser : ceux qui ne
seraient pas familiarisés avec cette nouvelle branche de
la physique trouveront tous les renseignemens qu'ils
pourront désirer sur les faits dont elle se compose, dans
le *Manuel de l'Électricité dynamique* de M. Demonferrand, à Paris, chez Bachelier, libraire, quai des Augustins, n° 55.

Note sur le passage de la Description précédente relatif au caractère qui distingue les mouvemens produits par l'action de la terre de ceux qui le sont par l'action mutuelle des diverses parties de l'appareil.

(A) Pour mettre cette distinction dans tout son jour, on place le trépied (*fig.* 12) comme nous l'avons expliqué, mais en relevant les extrémités G, H du conducteur spiral de manière qu'elles ne plongent pas dans les cavités de la table (*fig.* 1) qui sont désignées par les mêmes lettres. La communication entre les rigoles A, B étant établie par le conducteur Q, dont les appendices e, f plongent alors dans ces rigoles, on suspend alternativement les deux conducteurs mobiles (*fig.* 14 et 15) dans la coupe S de manière que les couronnes de ces conducteurs soient plongées dans l'eau acidulée du vase (*fig.* 11), et on constate par l'expérience que le sens de la rotation du conducteur mobile (*fig.* 14) produite par l'action de la terre, change avec le sens du courant, soit par l'inversion des rhéophores, soit par celle de la bascule k (*fig.* 1), tandis que la rotation du conducteur mobile (*fig.* 15) a toujours lieu dans le même sens, quel que soit celui du courant, parce qu'elle résulte de l'action mutuelle des courans de la couronne $a\,e\,d\,f$ et de ceux de l'eau acidulée. On renverse alors le conducteur Q (*fig.* 1) pour interrompre la communication qu'il établissait entre les rigoles A et B, et l'on fait plonger, dans les cavités G, H, les extrémités du conducteur spiral (*fig.* 12) : aussitôt l'action de ce dernier conducteur sur le rayon $a\,c$ (*fig.* 14 et 15) des conducteurs mobiles imprime à ces conducteurs un mouvement de rotation beaucoup plus rapide et qui change de sens par l'inversion de l'une des deux bascules K ou k (*fig.* 1), mais qui n'en change point lors-

qu'on renverse l'ordre de communication des rhéophores,
en faisant plonger celui de la rigole *A* dans la rigole *a*,
et celui de cette dernière dans la première, parce qu'alors la
direction du courant se trouve changée à la fois dans les deux
parties du circuit voltaïque qui agissent l'une sur l'autre,
savoir : le rayon *a c* (*fig.* 14 et 15) et le conducteur spiral
(*fig.* 12).

FIN.

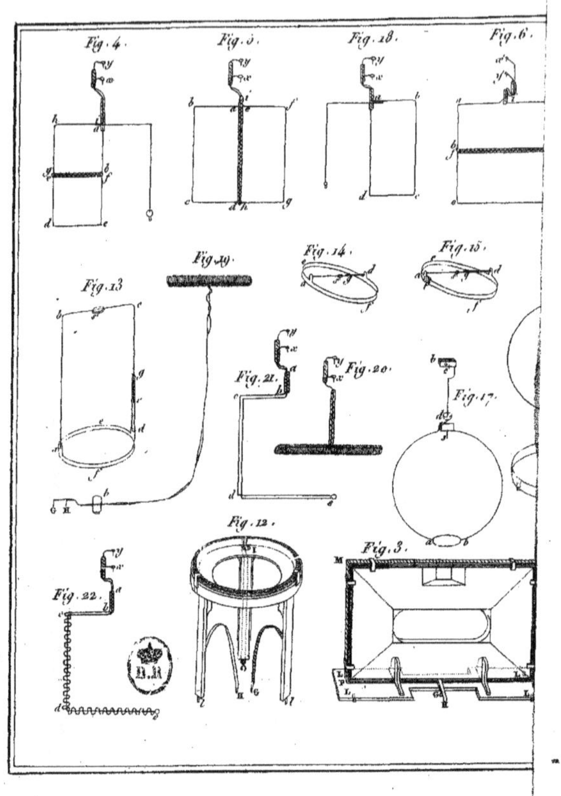

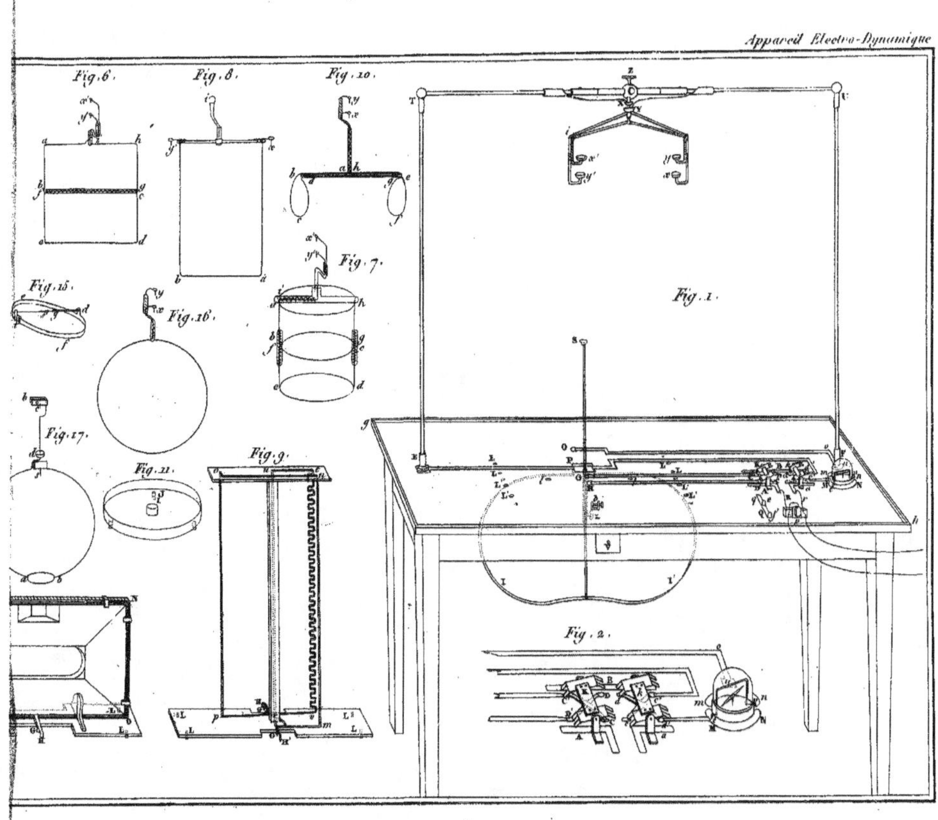
Fig. 6.
Fig. 8.
Fig. 10.
Fig. 15.
Fig. 16.
Fig. 7.
Fig. 17.
Fig. 11.
Fig. 9.
Fig. 1.
Fig. 2.